CHEMIN DE FER DE PARIS À LA MER

RAPPORT
DU CONSEIL D'ADMINISTRATION.

DE L'IMPRIMERIE DE CRAPELET,
RUE DE VAUGIRARD, N° 9.

RAPPORT

DU

CONSEIL D'ADMINISTRATION

A l'Assemblée générale de MM. les Actionnaires de la Société anonyme du Chemin de fer de Paris à Rouen, au Havre et à Dieppe, avec embranchement jusqu'à Elbeuf et Louviers.

MESSIEURS,

L'Ordonnance royale du 13 août 1838 a constitué en Société anonyme l'Entreprise du Chemin de fer de Paris à la Mer, dont la concession avait été accordée, par la loi du 6 juillet précédent, à une Société en commandite, sous la raison *Chouquet, Lebobe et Compagnie.* Nommés par les statuts Membres du Conseil d'Administration de la Société anonyme, nous venons vous rendre compte de l'usage que nous avons fait des pouvoirs qui nous ont été confiés, depuis le moment où l'Administration nous a été remise par les Gérants de la Société en commandite dont notre Compagnie est cessionnaire.

Cette Société avait débattu avec le Gouvernement les conditions de la concession, conditions qui font aujourd'hui notre loi; elle avait fait la distribution des actions. C'est aussi avec elle qu'ont été discutés et réglés les statuts de notre Société anonyme.

Si la Société en commandite a accepté des conditions onéreuses, et qui n'étaient nullement en rapport avec les charges rigoureuses qui lui étaient imposées, et les éventualités qui pouvaient la grever, il faut reconnaître que, comme les autres Compagnies auxquelles des concessions de même nature ont été faites, elle s'est trompée sur l'importance des dépenses, parce qu'elle a dû considérer comme reposant sur des évaluations exactes, des devis longuement élaborés, sur lesquels le Gouvernement avoit basé des projets de loi et des demandes de crédits, devis qu'elle n'avait d'ailleurs ni le temps ni les moyens de vérifier. Après des études qui nous ont coûté plus d'un an de travaux, et plus de 5oo,ooo francs de dépenses, nous ne sommes encore arrivés nous-mêmes qu'à des évaluations approximatives.

Dans l'opération si importante et si délicate tout à la fois de la répartition des actions, la Société a voulu, tout en associant à l'entreprise de grands capitalistes, multiplier assez le nombre des intéressés pour embrasser toutes les localités appelées à jouir du bénéfice du Chemin, et pour ainsi dire toutes les classes de la société. Elle le pouvait, car la concurrence était grande; elle n'avait que 9o,ooo actions à placer, et il se présentait des demandes pour plus de 5oo,ooo. Un nombre considérable de Souscripteurs n'obtinrent dans la répartition qu'une partie des actions pour lesquelles ils avaient souscrit. Cette circonstance a eu son influence sur la réalisation de quelques souscriptions.

Au reste, et quelque opinion qu'on puisse se faire sur ces diverses mesures, ce qui est hors de doute, et ce que nous nous plaisons à proclamer, c'est que cette Société en commandite dont nous sommes les cessionnaires a agi tant envers le public qu'envers nous avec désintéressement. Elle n'a mis aucun prix à la concession qu'elle nous a transmise. Elle ne s'est attribué aucun avantage ni direct ni indirect. Elle avait dans ses mains 9o,ooo actions que le public recherchait avec ardeur, qui, par une faveur anticipée, obtenaient une prime assez forte avant même leur émission : elle les a livrées au pair.

Nous n'avions pas à répondre devant vous des actes de cette Société, mais c'était un devoir pour nous de lui rendre cette justice.

Notre mandat et, avec lui, notre responsabilité ont commencé à partir de l'Ordonnance royale qui a autorisé la Société anonyme, et nous a institués comme Conseil d'Administration de cette Société. Nous avons dû nous occuper d'abord de l'organisation de l'administration.

Un homme nous était signalé par son activité, sa haute moralité, par les garanties que nous offrait son caractère personnel autant que sa position sociale et sa fortune. Il avait fait preuve d'une connaissance toute spéciale des grands travaux publics. M. le comte Jaubert voulut bien accepter les fonctions de Directeur-général avec un traitement en rapport avec les importants services que nous attendions de lui. Nous lui adjoignîmes, comme Sous-Directeurs, en exécution de nos statuts, M. Lebobe pour les travaux, et M. Chouquet pour la comptabilité. Ces choix étaient en quelque sorte d'avance indiqués; nous ne pouvions faire moins pour les deux concessionnaires titulaires de l'entreprise.

La ligne que nous avions à exécuter se divisait en deux grandes fractions, savoir : de Paris à Rouen ; de Rouen au Havre et à Dieppe. Cette division nous en imposait une dans l'organisation du travail. Deux ingénieurs, choisis dans l'élite du corps des Ponts-et-Chaussées, MM. Frissard et Virla, furent chargés de chacune de ces divisions. Tous les auxiliaires qu'ils demandèrent pour hâter et assurer leurs travaux leur furent accordés. — La partie métallurgique, si importante dans la construction des chemins de fer, fut confiée à M. Bineau, ingénieur du Corps royal des Mines, déjà éprouvé dans cette partie.

Nous donnâmes pour instructions expresses à nos ingénieurs de rechercher tous les moyens d'opérer avec le plus d'économie possible, leur recommandant de ne pas oublier qu'ils étaient les agents d'une entreprise privée, et que les fautes commises et les dépenses inutiles se solderaient avec les épargnes de bien des petites fortunes.

Nos études avaient pour objet de remplacer l'avant-projet du Gouvernement par des projets définitifs; de rectifier, s'il y avait lieu, le tracé de l'Administration par un tracé meilleur et moins dispendieux, et enfin de fixer aussi approximativement que possible le chiffre de la dépense réelle. Ce but a été atteint : de grandes améliorations ont été apportées au tracé des Ponts-et-Chaussées, et les études complètes qui sont en la possession de la Compagnie sont dignes en tout des hommes distingués qui les ont faites.

Parmi les mesures d'exécution, il y en avait qui étaient nécessairement subordonnées à l'achèvement des études de la ligne et aux décisions de l'Administration qui devait nous autoriser à prendre possession des terrains, mais il y en avait d'autres que de graves considérations ne nous permettaient pas d'ajourner.

Ainsi il était à craindre que la spéculation ne s'emparât des terrains nécessaires à la station de Paris, et ne nous les fît payer un prix exorbitant. Nous dûmes devancer la spéculation en nous assurant de ces terrains par des traités amiables, nous réservant, toutes les fois que cela nous a été possible, la faculté de résilier les contrats. Ces acquisitions ayant été faites à l'amiable et avant l'autorisation d'expropriation, nous avons dû consigner les droits de mutations dont le remboursement nous était promis.

D'après nos prévisions, la partie de la ligne de Paris à Pontoise pouvait être achevée en 1840, et pour la desservir, 40 machines locomotives paraissaient nécessaires. Les fabriques anglaises pouvaient seules nous les fournir dans un délai aussi rapproché, et pour qu'elles fussent prêtes au moment opportun, il était urgent de les commander de suite. Ces commandes ont été faites; une des machines a été livrée, les autres devaient l'être successivement aux époques indiquées par les marchés. Mais depuis, et lorsque nous avons entrevu la nécessité d'une résiliation de ces marchés, nous avons avisé aux moyens de limiter la perte qui en serait la conséquence.

Nous dûmes aussi saisir le moment de l'étiage du canal Saint-Denis pour y jeter les fondations et élever les piles du pont sur lequel devait passer le chemin.

Par ce compte rapide de nos opérations, vous voyez, Messieurs, que nous avons fait d'urgence avant l'achèvement des études, avant même l'autorisation administrative d'expropriation, autorisation vainement sollicitée jusqu'à ce jour, tout ce qui n'était pas susceptible d'ajournement. Nous ne pouvions faire moins sans compromettre les intérêts de la Compagnie, dans la prévision d'une exécution que nous regardions alors comme assurée; mais nous ne pouvions faire davantage sans compromettre témérairement notre capital, et sans engager gravement notre responsabilité.

Ces opérations forment l'ensemble des mesures d'exécution que nous avons prises, et les principaux éléments des dépenses effectuées dont vous retrouvez le détail dans le rapport de M. le Directeur-général, et dans le Tableau n° 2 y annexé.

Un premier dixième du capital souscrit devait être payé aux termes de nos statuts le 13 août 1838. Le second dixième le 10 octobre suivant, et un vingtième le 10 décem' re, même année. La garantie des souscripteurs primitifs était limitée à 25 o/o du montant de la

souscription, et enfin nous étions autorisés à vendre à la Bourse les actions en retard, lesquelles en outre avaient à supporter un intérêt de 5 p/o.

Sur les 90,000 actions formant le capital social, 2,548 sont à déduire. Les unes ont été indiquées par erreur comme souscrites, d'autres ont été souscrites par des personnes qui, n'ayant pas obtenu dans la répartition de nombre total des actions qu'elles avaient demandées, s'en sont prévalu pour renoncer à leur souscription. Quelques autres étaient susceptibles de litige qu'il a paru utile au Conseil d'éviter.

Les actions souscrites ayant droit au partage de l'actif de la Société, se trouvent ainsi réduites à 87,452, dont le recouvrement est effectué ou assuré. Nous vous proposons d'approuver et d'arrêter ce chiffre.

Sur ces actions :

84,752 actions ont soldé le 1er dixième, —

55,727 — le 2e dixième, —

38,817 — le vingtième, —

Ce qui a produit 15,988,750 fr.

Il a été perçu en outre, 75,482 fr. 75 cent., pour intérêts des versements en retard.

Les autres actions appartiennent à des Souscripteurs solvables. Les sommes par eux dues pour leurs souscriptions, offrent un recouvrement assuré; il ne faut en excepter que le sieur Chouquet souscripteur de 1,300 actions à l'égard desquelles la Compagnie est garantie de toutes pertes.

Dans la rigueur du droit, ces intérêts étaient dus par chaque jour de retard pour tous les paiements qui n'auraient pas été effectués au jour même de l'échéance. Mais en fait, les versements ne pouvaient matériellement se faire le même jour; un délai quelconque était inévitable et rentrait dans les facilités réclamées par la force même des choses. D'ailleurs les promesses d'actions avaient été délivrées au fur et à mesure des paiements et se trouvaient entre les mains de tiers auxquels elles avaient été transmises libres et sans réserves; il n'était donc pas possible d'exiger des intérêts pour les versements effectués.

Quant aux versements en retard, ils restent dans la règle commune et sont passibles d'intérêt.

Pendant nos études nous n'avions pas l'emploi de toutes les sommes versées; le placement en rentes sur l'État nous était indiqué par les statuts; nous nous y sommes conformés; aussi l'actif que nous vous représentons se compose-t-il en grande partie de rentes sur l'État 3 o/o, que nous avons dû acheter à mesure que les versements ont été encaissés.

Mais nous avions incessamment besoin de fonds disponibles, et ne voulant pas dans ce cas être exposés à vendre à perte, les rentes achetées, nous avons dû nous créer une réserve toujours réalisable et cependant productive d'intérêt. Dans ce but, nous avons ouvert un compte courant à quelques personnes qui se sont obligées à payer à première réquisition, en tenant compte à la Société d'un intérêt de 3 o/o. Cette mesure, qui ne s'appliquait qu'au premier dixième, et qui a cessé le 21 juin dernier, a rempli l'objet que nous nous proposions, en nous dispensant de vendre à perte des rentes pour satisfaire aux besoins de la Société.

Le retard apporté par un grand nombre d'Actionnaires dans les versements nous plaçait dans une situation difficile. Devions-nous user du droit que nous donnait nos statuts, de vendre sur la place les actions en retard? On sait assez quel eût été l'effet inévitable d'une telle mesure : elle eût augmenté, dans une proportion que nous ne pouvons déterminer, la dépréciation de nos actions. La garantie exercée contre les Souscripteurs primitifs eût été tout aussi désastreuse; car elle eût provoqué des discussions non moins discréditantes pour notre entreprise. Après mûre délibération, et après avoir pris

2

l'avis des jurisconsultes éclairés qui composent notre conseil conten-
tieux, nous dûmes suspendre les voies de rigueur qui auraient aggravé
le mal au lieu d'y remédier.

Mais dès ce moment nous doutâmes de la possibilité de réaliser notre
capital ; et placés que nous étions entre le refus de versement et le
danger d'user des voies de contraintes, nous reconnûmes la nécessité
de demander au Gouvernement son concours.

D'un autre côté, les études de nos ingénieurs qui s'avançaient nous
révélaient tous les jours de nouveaux mécomptes dans les devis des
Ponts-et-Chaussées ; les terrains, les constructions, les terrassements,
les souterrains, les machines, les rails, tous ces objets offraient un
excédant de dépense ; les comptes-rendus des Chemins de fer de Saint-
Germain et de Versailles nous révélèrent combien les estimations pri-
mitives étaient au-dessous des dépenses réelles ; de tels avertissements
ne pouvaient être méprisés par nous ; dans ces circonstances, ne pou-
vant ni réaliser notre capital, ni même espérer, avec ce capital réalisé,
terminer la ligne dans toutes ses parties ; convaincus d'autre part de
la nécessité de modifier les conditions de notre concession, nous arrê-
tâmes de suspendre l'approbation des marchés importants qui auraient
engagé une forte partie de notre capital social ; cette mesure déter-
mina notre Directeur-général à se retirer, et fut pour nous le signal
d'économies à réaliser dans nos frais d'administration. M. Lebobe, un
de nos Directeurs, fut appelé à remplir, par intérim, et sans augmen-
tation de traitement, les fonctions de Directeur-général.

Les Chambres allaient s'assembler ; nous présentâmes au Gouvernement un Mémoire dans lequel nous demandions :

1°. Le fractionnement de la ligne en trois parties ;

2°. La faculté de payer des intérêts à 4 o/o pendant la durée des
travaux ;

5°. La garantie par l'État de 5 o/o d'intérêts sur les capitaux employés jusqu'à concurrence de 90,000,000 fr., plus 1 o/o d'amor-
tissement ;

4°. Des modifications au cahier des charges sur les pentes, les
courbes, les tarifs et sur quelques autres articles.

Ces modifications nous rendaient possible la construction du Chemin; en les sollicitant, nous donnions la plus forte preuve du désir sincère que nous avions de satisfaire à notre engagement.

Le Gouvernement, par des considérations que nous n'avons pas à juger, ne crut pas opportun de saisir la Chambre de nos demandes. Il nous proposa d'exécuter le chemin jusqu'à Pontoise, renonçant à faire vendre cette fraction du chemin à notre folle enchère si nous n'achevions pas le reste de la ligne, mais se réservant de racheter au prix coûtant nos travaux s'il lui convenait de les reprendre ou de les céder à une autre Compagnie.

Ce n'était là qu'un provisoire destiné à atteindre la prochaine session ; il ne changeait rien au contrat constitutif de notre Société, car il n'avait pour effet que de nous permettre d'en commencer l'exécution avec sécurité, le chemin de Paris à Pontoise n'étant, pour nous, que le commencement de la grande ligne, objet de notre concession. Malgré la situation toute précaire dans laquelle nous laissait cette proposition du Gouvernement, nous crûmes cependant devoir l'accepter, sauf votre approbation, tant nous avions à cœur de témoigner de notre désir profond de mener à terme cette patriotique entreprise.

Les Chambres en ont jugé autrement que le Gouvernement et nous ; elles ont pensé, après un rapport et un débat qui vous sont connus, que le projet de loi présenté devait être rejeté ; et elles ont autorisé le Ministre à consentir la résiliation de notre concession avec remboursement de notre cautionnement.

Il vous reste donc à décider si, de votre côté, vous donnerez votre consentement à cette résiliation.

En nous plaçant au point de vue de l'intérêt général du pays auquel nous nous étions franchement et loyalement associés, on ne peut s'empêcher de voir avec douleur se dissoudre et se perdre des moyens de force qui pouvaient être si utilement employés pour commencer la plus grande entreprise de nos temps modernes.

Toutefois, Messieurs, comme les Chambres ont manifesté le désir qu'une carrière libre fût ouverte à toute demande de concession, nous ne pouvons ni ne devons contrarier cette expérience ; et nous croyons de notre devoir de vous proposer de consentir à la résiliation.

Si vous adoptez ce parti et que le Ministre use de l'autorisation qui lui est donnée par la loi, il sera nécessaire de pourvoir à la liquidation de l'entreprise.

Mais avant de soumettre à votre délibération les mesures que vous aurez à voter pour qu'il puisse être procédé à cette liquidation, nous vous faisons connaître la situation financière de la Compagnie à ce jour, telle qu'elle est établie par le rapport de M. le Directeur-général, dont il va vous être donné lecture, et par les États y annexés.

L'actif social réalisé ou à réaliser s'élève à . . 21,850,866 fr. 06 c.

Les 87,452 actions devant avoir part à la distribution de l'actif social représentent, à raison de 250 francs par actions déjà versées ou complétées, un capital de. . . . . 21,863,000 fr. »

L'actif social déjà réalisé ou à réaliser, s'élève (passif déduit) à . . . . 21,830,866 fr. 06 c.

D'où résulte, sur l'ensemble du capital social, un déficit de . . . . 32,133 fr. 94 c.

Ce déficit pourra s'accroître par la perte qui pourra résulter de la différence entre le prix d'achat et le prix de revente des valeurs mobilières et immobilières acquises par la Compagnie, figurant pour la somme de 1,547,971 francs 17 cent. dans l'État n° 4.

D'une autre part, le déficit pourra s'atténuer de toutes les sommes que la Compagnie recouvrera sur le montant de ses dépenses pour frais d'études, lesquelles ne figurent dans l'actif de la Compagnie que pour mémoire, et s'élèvent à 550,303 fr. 43 c. (Voir l'État n° 4.)

Lorsque vous adoptez la mesure de la résiliation et de la liquidation qui en sera la suite, nous proposerons le mode de répartition qui nous paraît le plus convenable.

D'après ce que nous venons de vous exposer, nous aurons à appeler vos délibérations sur les points suivants:

1°. Donner tous pouvoirs au Conseil d'Administration pour consentir la résiliation de l'acte de concession et traiter avec le Gouvernement des conditions de cette résiliation ;

2°. Cette résiliation étant obtenue, décider que la Société sera et demeurera dissoute.

3°. Décider que la liquidation sera faite par les soins d'un liquidateur auquel les pouvoirs les plus étendus seront donnés à cet effet, et notamment ceux de vendre, même à l'amiable, les valeurs mobilières et immobilières appartenant à ladite Société, de transiger et compromettre, d'opérer la répartition définitive de l'actif entre les actions;

Le tout sous la surveillance et sauf l'approbation d'une Commission de trois membres délibérant à la majorité des voix. Laquelle Commission approuvera et arrêtera définitivement les comptes de gestion de la Société anonyme, et vérifiera et arrêtera définitivement les comptes du liquidateur et lui donnera décharge. En cas de décès, démission ou autre empêchement du liquidateur, pourvoira à son remplacement, et dans les mêmes cas, pourvoira au remplacement de ces membres.

4°. Nommer le liquidateur et les commissaires;

5°. Approuver les opérations du Conseil d'administration;

6°. Arrêter le nombre des actions ayant droit au partage de l'actif à 87,452 fr.;

7°. Décider que l'actif social sera divisé en deux parties; l'une disponible et partageable dès à présent; l'autre à réaliser par les soins du liquidateur et à partager après réalisation;

8°. Décider qu'il sera de suite attribué à chaque action une quote-part proportionnelle dans la première partie de cet actif, conformément au Tableau n° 6.

Messieurs, malgré le sentiment pénible que nous éprouvons, en vous proposant un tel dénouement pour une entreprise dans laquelle nous étions entrés vous et nous avec d'autres espérances, nous avons au moins cette satisfaction que les sacrifices que vous imposera la liquidation seront peu considérables, grâce à la réserve avec laquelle nous avons opéré.

Notre responsabilité était d'autant plus grande que nos pouvoirs étaient plus étendus; nous avions à défendre les intérêts pécuniaires de la Société, et nous ne pouvions compromettre légèrement son capital; mais nous avions aussi à défendre son intérêt moral, et nous ne pou-

RAPPORT

DE M. LE DIRECTEUR-GÉNÉRAL PAR INTÉRIM,

A MESSIEURS

LES MEMBRES DU CONSEIL D'ADMINISTRATION

DU CHEMIN DE FER DE PARIS A LA MER.

Messieurs,

Je mets sous les yeux du Conseil le compte des actes de l'Administration de la Compagnie jusqu'à ce jour.

Ce compte est divisé en plusieurs chapitres. Des États spéciaux donnent les détails de toutes les opérations que chacun de ces chapitres contient, et j'y ai joint les explications qui m'ont paru nécessaires sur les opérations les plus importantes de la Compagnie, quand les chiffres seuls ne les justifiaient pas suffisamment.

Enfin, ce compte contient tous les éléments nécessaires à une liquidation, si la dissolution de la Société est prononcée ; c'est ici le lieu de faire remarquer que, dans le nombre de 90,000 actions souscrites, 2,548 sont restées sans preneurs, et que la liquidation devra être répartie sur 87,452 actions.

L'État n° 1 contient les détails des recettes de toute nature, faites par la Compagnie jusqu'au 11 de ce mois inclusivement. Elles s'élèvent à la somme de........................ 16,511,227 fr. 73 c.

L'État n° 2 contient le détail des dépenses payées jusqu'au même jour, 11 août ; ces dépenses s'élèvent à la somme de.............. 15,654,974 91

L'État n° 3 contient la balance du compte en recettes et en dépenses ; il présente le solde en Caisse de.............................. 856,352 82

L'État n° 4 contient le détail de l'actif social ;

L'État n° 5 contient le passif ;

Enfin l'État n° 6 contient le mode de répartition du solde, si la liquidation est ordonnée.

Il résulte de ces États que l'actif de la Compagnie s'élève à............................ 22,651,877 fr. 06 c.

Que le passif s'élève à...................... 801,011 »

Que l'actif social est réduit à (1)........... 21,830,866 06

Le capital social, recouvré ou à recouvrer, s'élevant à .... 21,186,300 »

Le déficit ne serait que de 32,133 94

Mais dans l'actif figurent des propriétés et des valeurs dont la réalisation immédiate ne couvrirait probablement pas les dépenses qu'elles représentent.

Détails explicatifs à l'appui de l'État n° 2.

Acquisition de rentes 3 pour cent.

La Compagnie était tenue de fournir un cautionnement de 5 millions ; il était de l'intérêt des Actionnaires que ce cautionnement fût fourni en rentes, puisque c'était le moyen le plus sûr de conserver le revenu d'un capital ainsi aliéné.

Rentes en portefeuille.

Toutes ces rentes ont été achetées conformément aux délibérations du Conseil pour ne pas laisser le capital improductif.

Acquisition de terrains.

La Compagnie avait le plus grand intérêt à se rendre propriétaire des terrains dont elle avait besoin dans l'intérieur de Paris ; le lieu de

---

(1) Je n'ai pas fait figurer à l'actif les sommes dépensées pour les études et les frais généraux, s'élevant à 550,303 fr. 43 c. Mais si l'actif peut s'augmenter de toutes les sommes à recouvrer sur ces dépenses, il pourra se réduire du déficit que donnera la réalisation des valeurs mobilières et immobilières.

la station de départ était indiqué par la loi de concession, il était à craindre que des spéculateurs ne vinssent s'emparer de toutes les propriétés à vendre sur ce point, et faire ainsi des conditions fort dures à la Compagnie. Toutes les fois qu'il fut possible de faire des traités conditionnels, la Compagnie a eu la prudence d'y recourir, et cette précaution nous a permis de nous délier de deux contrats qui nous seraient aujourd'hui fort onéreux puisqu'ils mettraient à notre charge 4,938 toises de terrain qui nous coûteraient en capital, intérêts et frais 660,000 fr.

La Compagnie a dû faire des traités fermes pour 10,169 toises de terrains moyennant la somme de 923,863 fr. 90 c. ce qui fait sortir le prix de chaque toise à ce jour, à 90 fr. 09 c. compris les intérêts et les frais.

Si nous n'exécutons pas, mais si le Gouvernement ou une autre Compagnie nous succède, nous devons espérer que nous rentrerons dans tous nos déboursés; dans tous les cas, la réalisation de ces terrains devra être faite sans précipitation afin d'éviter les pertes qu'une liquidation subite occasionnerait.

Pour tous les autres terrains sur la ligne, la Compagnie n'étant pas exposée aux dangers de la spéculation, nous avons dû agir autrement que pour l'intérieur de Paris. Aucune acquisition n'a été faite, nous nous sommes bornés à nous procurer les renseignements les plus exacts sur la valeur de ces terrains, à nous faire aider par les notaires et par des experts choisis dans les localités, à commissionner d'anciens notaires, d'anciens avoués recommandables, pour procéder contradictoirement à l'expertise des terrains que devait occuper notre Chemin, en prenant pour base de l'indemnité de dépossession toutes les conséquences favorables ou contraires de notre entreprise. Deux mille quatre cent vingt-six procès-verbaux d'expertise, constatent l'exactitude de ce travail complétement terminé entre Paris et Pontoise.

Presque tous les éléments nécessaires à l'expertise sont également préparés depuis Pontoise jusqu'à Charleval.

Acquisition de Locomotives.

Ce n'est qu'en Angleterre que la Compagnie pouvait s'assurer un certain nombre de locomotives, et même, dans ce pays, les fabricants sont presque tous surchargés de commandes; il fallait donc que la Compagnie fît immédiatement les siennes pour obtenir les premières machines nécessaires à l'exploitation de la partie du Chemin qui devait être exécutée dans les deux premières années de la concession.

Ainsi, du 8 septembre au 13 octobre, la Compagnie a passé trois marchés pour l'achat de 15 locomotives et de 2 tenders, moyennant la somme de 577,744 fr. 20 c.

Une de ces locomotives est arrivée à l'entrepôt des Marais; toutes les autres sont encore dans les ateliers des fabricants.

Mobilier et Achat d'instruments. — Frais d'études.

Il était de l'intérêt de la Compagnie que les études fussent faites le plus tôt possible afin de connaître le chiffre exact de la dépense à faire. Aussi, tous les instruments et le matériel nécessaires à MM. les ingénieurs et à leurs agents furent-ils mis immédiatement à leur disposition, et dès le 14 juillet ils étaient à l'œuvre.

Toutes les études sont achevées. Les plans parcellaires entre Paris et Charleval le sont également. L'exécution des travaux aurait pu être commencée sur-le-champ de Paris à Pontoise, si l'Administration nous avait donné son autorisation. Vous savez que depuis le 12 octobre, le 20 décembre et le 21 janvier, elle a été vainement mise en demeure de nous délivrer cette autorisation pour toutes les communes du département de la Seine et pour celles de Deuil, Soisy, Eaubonne et Ermont.

ÉTAT N° 4.

Actif social.

L'actif se compose :

1°. D'espèces s'élevant à la somme de........   856,352 fr. 82 c.

2°. Inscriptions de 524,712 f. de rentes 3 pour cent qui, au prix moyen d'achat (80 fr. 70 c.), représentent un capital de....,............   14,114,187   57

3°. Des terrains, des locomotives, du mobilier, des instruments, des cartes, plans désignés sous les numéros 3, 4, 5, 7, qui ont coûté..........   1,547,971   17

4°. Des recouvrements à faire sur ce qu'il reste dû par les souscripteurs en retard, capital et intérêts au 12 août......................   6,113,365   50

Les éléments de l'actif désignés sous les numéros 1, 2, 8 et 9 de l'État n° 4 sont d'une réalisation facile et peuvent être distribués en nature, ou comptés en compensation aux actionnaires débiteurs.

Il n'en est pas de même des objets compris sous les n°ˢ 3, 4, 5 et 7 du même État n° 4, et relatifs aux terrains, aux locomotives, au mobilier, aux instruments ; etc.

Il y aurait probablement des pertes à faire sur les terrains si la Compagnie voulait réaliser de suite ; il faut attendre, ou qu'une autre Compagnie succède à la nôtre ou que les circonstances nous permettent d'en tirer parti en les vendant en masse ou par lots.

Quant aux locomotives, j'avais entamé des négociations avec les fabricants ; ils avaient consenti à la résiliation moyennant une indemnité conditionnelle ; il y a lieu d'espérer, ou que les conditions seront maintenues ou que d'autres occasions de céder ces marchés se présenteront.

La partie de nos dépenses qui sera d'une rentrée plus difficile, et dont je ne fais figurer la valeur que pour mémoire, est celle qui se rattache aux études et aux frais détaillés au n° 6 (État n° 4) ; ces dépenses s'élèvent à la somme de...............   550,303 fr. 43 c.

Elles pourront nous être remboursées lors de l'exécution du Chemin.

Sous les nᵒˢ 8 et 9 (État nº 4), figurent les recouvrements qui nous restent à faire sur les 25 pour cent dus par des souscripteurs; ces recouvrements s'élèvent en capital à...................... 5,874,250 fr. oo c.

En intérêts, à.......................... 239,115   50

────────────────

TOTAL..................... 6,113,365 fr. 50 c.

Cette rentrée nous est garantie par les premiers versements faits.

De la Liquidation.—(Voir l'État nº 6).

La liquidation me paraît devoir être divisée en deux parties distinctes :

1º. Les espèces recouvrées et à recouvrer, et les rentes dont la répartition pourrait être faite aussitôt les comptes vérifiés et approuvés.

2º. Les terrains, les locomotives, le matériel, etc., dont la valeur ne pourra être répartie qu'après réalisation.

Sur les sommes en caisse et à recouvrer s'élevant à................................,..... 6,969,718 fr. 32 c.
il devra être réservé la somme de............. 410,818   32
pour faire face aux dépenses, faites ou à faire, restera la somme de............... 6,558,900   32
qui, sur 87,452 actions, donnera pour chacune la somme de   75

Les rentes à répartir s'élèvent à 524,712 fr., ce qui donne à chaque action droit à une inscription de 6 fr. de rentes 3 pour cent.

Aux actions qui n'ont pas complété le versement des 25 pour cent de leur souscription, la différence, en capital et intérêts, sera opposée en compensation sur les sommes à répartir en espèces.

Si ces bases sont adoptées, la liquidation donnera les résultats suivants :

(7)

Espèces à distribuer par action libérée de 25 pour
cent. . . . . 75 fr.
Une inscription de 6 fr. de rente 3 pour 0/0 qui,
au prix moyen d'achat. . . . . . . 80 fr. 70 c.
produit. 161   40
                                                       ————
Total à distribuer . . . . 236 fr. 40 c.
par action.

Il restera à répartir les valeurs à recouvrer sur les terrains, les locomotives, le mobilier, les instruments, le matériel, les études, etc.,
aussitôt que la réalisation en aurait été effectuée.

Le Directeur-Général par intérim.

LEBOBE..

Paris, le 11 août 1839..

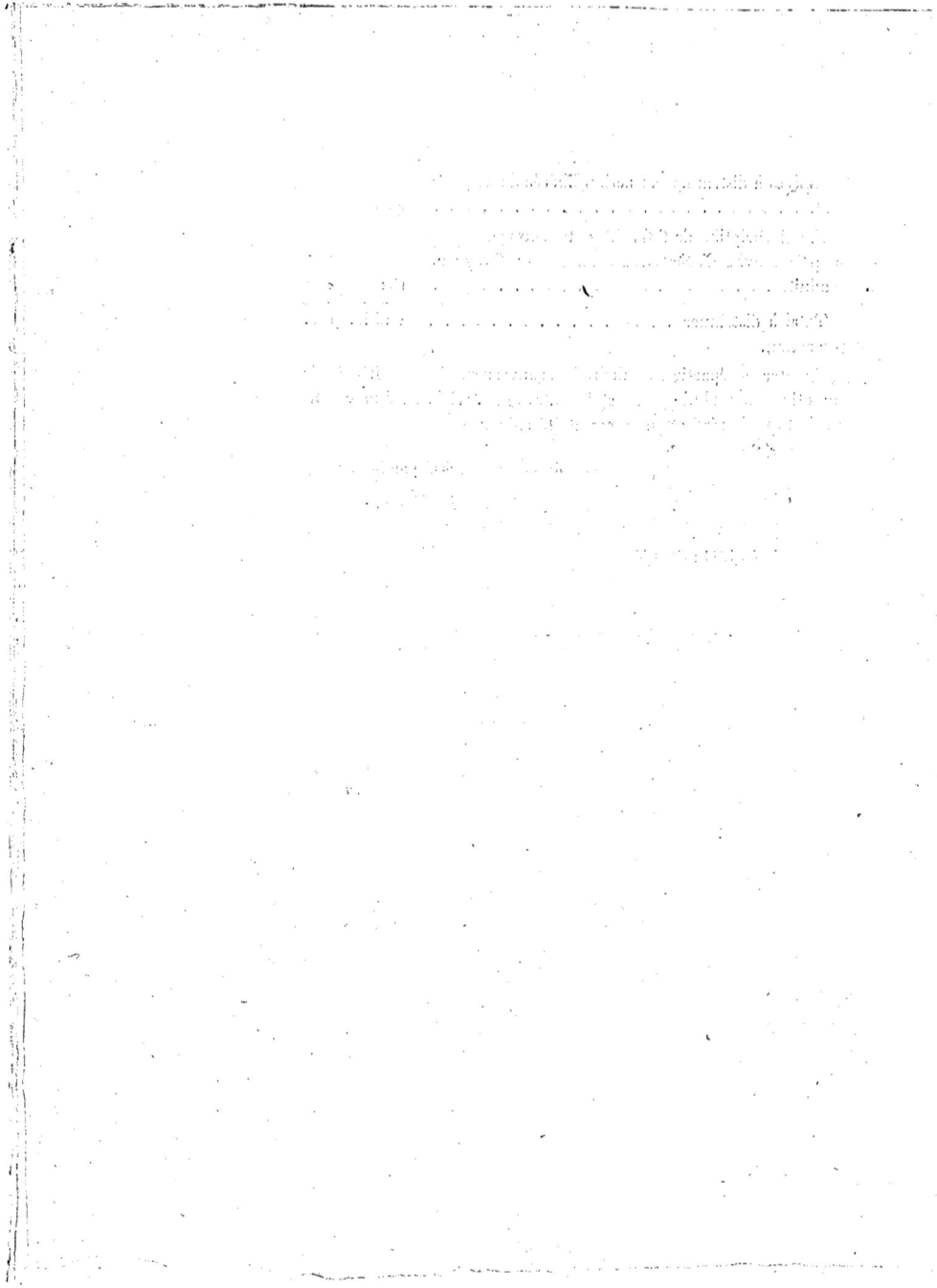

ETAT N° 1.

COMPTES des Recettes faites par la Compagnie jusqu'au 11 août 1839 inclusivement.

NATURE DES RECETTES.		SOMMES ENCAISSÉES.
Les Recettes se composent :		
1°. DES SOMMES VERSÉES PAR LES ACTIONNAIRES SUR LES ACTIONS PAR EUX SOUSCRITES ; Savoir :		
1er 10e sur 84,752 Actions à 100 fr............ 8,475,200 fr. »		
2e 10e sur 55,727 Actions à 100 fr............ 5,572,700 »		15,988,750 »
20e sur 38,817 Actions à 50 fr............ 1,940,850 »		
2°. INTÉRÊTS :		
1°. Ceux du compte courant de divers Actionnaires... 47,836 fr. 27c.		
2°. Ceux du 2e 10e, pour les Actions en retard....... 13,002 27		75,482 73
3°. Ceux du 20e, pour les Actions en retard......... 14,644 19		
3°. SEMESTRES DES RENTES FORMANT LE CAUTIONNEMENT :		
1°. Semestre au 22 décembre 1838, des 186,000 fr. de rentes 3 p. 0/0 déposées à la Caisse des dépôts et consignations pour le cautionnement de la Compagnie. (Note A.)......................... 93,000 »		186,000 »
2°. Semestre au 22 juin 1839, des mêmes rentes.(Note A.) 93,000 »		
4°. SEMESTRES DES RENTES EN PORTEFEUILLE ; Savoir :		
1°. Semestre au 22 décembre 1838, de 208,190 fr. de rentes 3 p. 0/0 que la Compagnie avait en portefeuille à cette époque. (Note B., §. Ier)....... 104,095 »		261,095 »
2°. Semestre au 22 juin 1839, de 314,000 fr. de rentes 3 p. °/₀ que la Compagnie avait également en portefeuille à cette époque. (Note B., §. II)........ 157,000 »		
TOTAL DES RECETTES....................		fr. c. 16,511,227 73

ÉTAT N° 2.

RELEVÉ des Dépenses payées par la Compagnie jusqu'au
11 *août* 1839 *inclusivement.*

NATURE DES DÉPENSES.	SOMMES PAYÉES.
1°. CAUTIONNEMENT en Rentes 3 p. 0/0.	fr. c.
Il a été acheté 186,000 fr. de rentes 3 p. 0/0 pour former le cautionnement de la Compagnie ; elles ont coûté (suivant détail à la note A.).	5,015,880 79
2°. RENTES 3 p. 0/0 en portefeuille.	
Il a été acheté 338,712 fr. de rentes 3 p. 0/0 qui ont coûté, suivant le détail porté à la Note B.	9,098,306 78
3°. PROPRIÉTÉS IMMOBILIÈRES. Terrains achetés.	
Il a été acheté 10,169 toises de terrains, à Paris (clos Saint-Charles), pour le prix en capital, intérêts, frais d'enregistrement, etc. 923,863,90	
Il a été payé suivant détail à la Note C.	713,902 25
4°. LOCOMOTIVES.	
Il a été commandé à divers constructeurs de machines 15 locomotives et 2 tenders pour le prix de. 577,774 20	
La Compagnie a déjà payé à-compte sur cette somme (Note D.).	178,694 85
5°. MOBILIER et INSTRUMENTS. Achats de meubles nécessaires à l'Administration et à ses bureaux; instruments pour le service des ingénieurs, cartes et plans.	46,363 07
6°. FRAIS D'ÉTUDES ET D'ADMINISTRATION. — TRAVAUX D'ART.	
§. Ier. *Personnel.* — Il a été payé pour traitements du personnel de l'Administration, depuis le mois de juillet 1838 jusqu'au 1er août 1839, suivant le détail à la note E.	274,591 92
§. II. *Frais* de voyages et de déplacements.	33,507 29
§. III. *Dépenses* en régie et paie d'ouvriers.	29,128 47
§. IV. *Frais généraux* et dépenses diverses, y compris 167,206 fr. 85 c., allouées par sentence arbitrale à M. Delamarre, banquier, pour sa commission.	210,976 02
§. V. *Indemnités* de logement à MM. les Ingénieurs.	6,525 »
§. VI. *Indemnités* à divers propriétaires pour dégâts occasionnés par le tracé de la ligne.	2,472 50
§. VII. *Frais* d'impressions et d'insertions.	22,930 72
7°. TRAVAUX à Saint-Denis.	
Il a été payé aux sieurs HÉRODIER et Compagnie, chargés de la construction d'un pont sur le canal à Saint-Denis, une somme de 22,395 fr. 25 c. à valoir, sur le Mémoire qu'ils ont présenté pour cet objet, ci.	22,395 25
	fr. c.
TOTAL DES DÉPENSES.	15,654,974 91

ÉTAT N° 3.

BALANCE

Du Compte-finances de la Compagnie, au 11 août 1839 inclusivement.

Les Recettes suivant l'État n° 1 sont de 16,511,327 73

Les Dépenses suivant l'État n° 2 sont de 15,654,974 91

EXCÉDANT DE RECETTES 856,352 82

Représenté, SAVOIR :

Par F. 24,789 89 dans la Caisse de la Direction.

Et 831,562 93 en compte courant à la Banque de France.

TOTAL . . . 856,352 82 SOMME ÉGALE.

ÉTAT N° 4.

ACTIF SOCIAL.

Il se compose :

1°. De la somme, espèces en caisse et à la Banque de France, suivant le solde présenté par l'État n° 3.. 856,352 fr. 82 c.

2°. Des Rentes 3 p. 0/0 que possède la Compagnie ; savoir :

    186,000 fr. Rente 3 p. 0/0 formant le cautionnement, qui ont coûté................ 5,015,880 fr. 79 c.

    Et 338,712 Rente 3 p. 0/0 en portefeuille, qui ont coûté.......... 9,098,306 78

Ensemble 524,712 fr. Rente 3 p. 0/0 ...... pour 14,114,187   57 c. ci 14,114,187   57

    (Voir les notes A et B.)

3°. Des 10,169 toises de terrains achetés par la Compagnie, dans le clos Saint-Charles, à Paris, et qui ont coûté en capital, intérêts, droits d'enregistrement et frais.................................... 923,863 90

    (Voir la note C.)

4° Du montant des Marchés passés avec divers constructeurs anglais, pour 15 locomotives et 2 tenders, suivant détail porté à la note D.......... 577,744 20

5°. Du Mobilier acheté par la Compagnie........................... 16,839 »

6°. Des frais d'Études et d'Administration, non susceptibles d'évaluation. *Mémoire.*

7°. Instruments, Cartes et Plans achetés par la Compagnie pour le service des ingénieurs.. 29,524 07

8°. De ce qui reste dû en capital par divers Actionnaires :

    Le 1ᵉʳ 10ᵉ de   2,700   actions à 100 fr........270,000   ⎫
    Le 2ᵉ 10ᵉ de   31,725   actions à 100 fr......3,172,500 ⎬ 5,874,250   »
    Le 20ᵉ de   48,635   actions à 50 fr......2,431,750 ⎭

9°. Des Intérêts à payer par les Actionnaires en retard.

    (Décompte fait provisoirement jusqu'au 12 août 1839.)

    Sur les f.   270,000 restant dus sur le 1ᵉʳ 10ᵉ........ 21,537 20 ⎫
    Sur les f. 3,172,500 restant dus sur le 2ᵉ 10ᵉ........ 134,831 25 ⎬ 239,115   50
    Sur les f. 2,431,750 restant dus sur le 20ᵉ.......... 82,747 05 ⎭

                TOTAL DE L'ACTIF...... 22,631,877   06

ÉTAT N° 5.

PASSIF.

Il reste à payer par la Compagnie :

1°. Pour l'acquittement complet du prix des terrains, en capital, intérêts, droits d'enregistrement et frais (*voir* la note C.)........   209,961 fr. 65 c.

2°. Pour solder les marchés passés avec divers mécaniciens anglais, pour la construction de 15 locomotives et 2 tenders (*voir* la note D.)   399,049   35

3°. Solde à payer aux sieurs Hérodier et Compagnie, entrepreneurs, chargés par marché de la construction d'un pont sur le canal à Saint-Denis. Ils ont produit un Mémoire sur lequel il leur a été payé à compte (*voir* État n° 2).

    Reste à leur payer, sauf réglement, environ. . . .   12,000   »

4°. Résiliations de baux, honoraires et indemnités à MM. les Ingénieurs en chef, Ingénieurs ordinaires et chefs de service, Experts, Conseils, Architectes et Employés de la Compagie, approximativement   180,000   »

                        TOTAL DU PASSIF. . . .   801,011 fr. c.

ÉTAT N° 6.

L'ACTIF, suivant l'État n° 4, est de............ 22,634,877 06
LE PASSIF, suivant l'État n° 5, est de.. .... 801,011 »

SOLDE FORMANT L'ACTIF SOCIAL. 21,830,866 06

Mais comme les 524,712 fr. rentes 3 pour 0/0 que possède la
Compagnie doivent être répartis en nature aux Actionnaires, il
convient de déduire ici le montant des sommes déboursées pour
leur acquisition. (*Voir* État A et B)............... 14,114,187 57

En sorte que l'actif en espèces et valeurs mobilières et immobilières à réaliser, serait réduit à.................. 7,716,678 49

Il faut encore déduire de cette somme :

1°. Le montant des sommes déjà payées sur
les valeurs mobilières et immobilières, et dont
le recouvrement ne pourra se faire qu'après
réalisation, soit.............. 938,960 17
2°. Et ce qu'il est nécessaire de conserver
en caisse pour faire face aux besoins cou-
rants................... 218,818 38 } 1,157,778 49

Il restera net en espèces........ 6,558,900 »

à partager entre 87,452 actions, soit 75 fr. pour chacune.

Indépendamment de la répartition en espèces ci-dessus mentionnée, chaque action
aura droit, dans la distribution des 524,712 fr. de rentes, à une somme de 6 fr. de
rentes 3 pour 0/0.

ÉTAT N° 3.

NOTE A.

BORDEREAU d'achat des f. 186,000 Rentes 3 0/0
formant le cautionnement.

DATES des ACHATS.		SOMMES DE RENTES ACHETÉES.	DÉTAIL.				MONTANT DES BORDEREAUX de l'agent de change.
		fr.	fr.	fr. c.		fr. c.	fr. c.
1838. Juillet.	13	6,000	»	80 65		161,300 » Cᵍᵉ. 100 »	161,400 »
» »	14	15,000	1,500 10,500 3,000	80 75 80 80 80 85		40,375 » 282,800 » 80,850 » Cᵍᵉ. 250 »	404,275 »
» »	16	6,000	»	80 90		161,800 » Cᵍᵉ. 100 »	161,900 »
» »	17	6,000	»	80 95		161,900 » Cᵍᵉ. 100 »	162,000 »
» »	18	6,000	4,012 488 1,500	80 75 80 80 80 85		107,989 66 13,143 46 40,425 » Cᵍᵉ. 100 »	161,658 12
» »	19	6,000	»	80 90		161,800 » Cᵍᵉ. 100 »	161,900 »
» »	20	6,000	»	81 »		162,000 » Cᵍᵉ. 100 »	162,100 »
» »	21	6,000	»	80 90		161,800 » Cᵍᵉ. 100 »	161,900 »
» »	23	6,000	»	80 90		161,800 » Cᵍᵉ. 100 »	161,900 »
» »	24	6,000	»	80 85		161,700 » Cᵍᵉ. 100 »	161,800 »
» »	25	6,000	1,500 4,500	80 90 80 95		40,450 » 121,425 » Cᵍᵉ. 100 »	161,975 »
» »	26	12,000	9,000 3,000	80 90 80 95		242,700 » 80,950 » Cᵍᵉ. 200 »	323,850 »
		87,000			A reporter.........		2,346,658 12

DATES des ACHATS.		SOMMES DE RENTES ACHETÉES.	DÉTAIL.				MONTANT DES BORDEREAUX de l'agent de change.
		fr.	fr.	fr. c.	Report.		fr. c.
Report......		87,000					2,346,658 12
					fr. c.		fr. c.
1838. Juillet.	27	12,000	6,000	80 85	161,700 »		323,700 »
			6,000	80 90	161,800 »		
					Cge. 200 »		
» »	30	12,000	»	80 85	323,400 »		323,600 »
					Cge. 200 »		
» »	31	12,000	»	80 90	323,600 »		323,800 »
					Cge. 200 »		
1838. Août.	1er	12,000	4,639	80 90	125,098 36		323,872 67
			6,000	80 92½	161,850 »		
			1,361	80 95	36,724 31		
					Cge. 200 »		
» »	2	12,000	»	80 85	323,400 »		323,600 »
					Cge. 200 »		
» »	3	12,000	6,000	80 80	161,600 »		323,275 »
			4,500	80 75	121,125 »		
			1,500	80 70	40,350 »		
					Cge. 200 »		
» »	4	12,000	9,000	80 75	242,250 »		323,250 »
			3,000	80 80	80,800 »		
					Cge. 200 »		
» »	6	12,000	6,000	80 75	161,500 »		323,300 »
			6,000	80 80	161,600 »		
					Cge. 200 »		
» »	7	3,000	1,500	80 80	40,400 »		80,825 »
			1,500	80 75	40,375 »		
					Cge. 50 »		
Total......		186,000	Rente 3 0/0 formant le cautionn¹ pour				5,015,880 79

NOTE B.

BORDEREAU de l'achat de Rentes 3 0/0 en portefeuille.

§. 1er.

DATES des ACHATS.		SOMMES DE RENTES ACHETÉES.	DÉTAIL.			MONTANT DU BORDEREAU de l'agent de change.	OBSERVATIONS.
1838. Août	23	6,000	»	80 95	161,900 » Cge. 100 »	162,000 »	
»　　　 »	24	6,000	2,974 3,026	80 95 81 »	80,248 43 81,702 » Cge. 100 »	162,050 45	
»　　　 »	25	6,000	»	81 »	162,000 » Cge. 100 »	162,100 »	
»　　　 »	28	6,000	3,000 3,000	80 95 80 85	80,950 » 80,850 » Cge. 100 »	161,900 »	
1838. Septembre.	4	1,500	»	80 85	40,425 » Cge. 25 »	40,450 »	
»　　　 »	»	1,500	»	80 75	40,375 » Cge. 25 »	40,400 »	
1838. Octobre..	10	6,000	3,000 3,000	81 05 81 10	81,050 » 81,100 » Cge. 100 »	162,250 »	
»　　　 »	11	24,000	»	81 17 ½	649,400 » Cge. 400 »	649,800 »	
»　　　 »	12	24,000	15,000 9,000	81 15 81 20	405,750 » 243,600 » Cge. 400 »	649,750 »	
»　　　 »	13	12,000	»	81 10	324,400 » Cge. 200 »	324,600 »	
»　　　 »	15	12,000	»	81 10	324,400 » Cge. 200 »	324,600 »	
»　　　 »	16	12,000	9,000 3,000	81 15 81 20	243,450 » 81,200 » Cge. 200 »	324,850 »	
»　　　 »	17	12,000		81 15	324,600 » Cge. 200 »	324,800 »	
		129,000				3,489,550 45	

DATES des ACHATS.		SOMMES DE RENTES ACHETÉES.	DÉTAIL.			MONTANT DES BORDEREAUX de l'agent de change.	OBSERVATIONS.
Report....		129,000				3,489,550 45	
1838. Octobre.	18	12,000	6,000	81 10	162,200 » 162,300 » Cge. 200 »	324,700 »	
			6,000	81 15			
»	»	19	6,000	»	»	162,300 » Cge. 100 »	162,400 »	
»	»	20	6,000	»	81 17 ½	162,350 » Cge. 100 »	162,450 »	
»	»	22	3,000	»	81 15	81,150 » Cge. 50 »	81,200 »	
»	»	23	6,000	»	80 07 ½	162,150 » Cge. 100 »	162,250 »	
»	»	24	3,000	»	81 10	81,100 » Cge. 50 »	81,150 »	
»	»	25	6,000	»	81 17 ½	162,250 » Cge. 100 »	162,450 »	
»	»	26	9,000	»	81 25	243,750 » Cge. 150 »	243,900 »	
»	»	27	4,000	»	81 42 ½	108,566 66 Cge. 75 »	108,641 66	
»	»	29	3,000	»	81 87 ½	81,375 » Cge. 50 »	81,425 »	
»	»	30	1,500	»	81 42 ½	40,712 50 Cge. 25 »	40,737 50	
»	»	»	3,000	»	81 45	81,450 » Cge. 50 »	81,500 »	
1838. Novembre.	2	4,500	»	81 47 ½	122,212 50 Cge. 75 »	122,287 50	
»	»	3	1,500	»	81 45	407,25 » Cge. 25 »	40,750 »	
»	»	5	4,000	»	81 70	108,933 33 Cge. 75 »	109,008 33	
»	»	8	1,500	»	81 92 ½	40,962 50 Cge. 25 »	40,987 50	
		203,000				5,495,387 94	

DATES des ACHATS.		SOMMES DE RENTES ACHETÉES.	DÉTAIL.			MONTANT DES BORDEREAUX de l'agent de change.	OBSERVATIONS.
Report		203,000				5,495,387 94	
1838. Novembre.	9	3,000	»	81 85	81,850 » / Cge. 50 »	81,900 »	
» »	15	1,200	»	81 95	32,780 » / Cge. 25 »	32,805 »	
» »	16	300.	»	82 05	8,°05 »	8,205 »	
» »	20	480	»	82 15	13,144 » / Cge. 16 »	13,160 »	
» »	21	210	»	82 »	5,740 » / Cgᵉ. 7 »	5,747 »	
Total		208,190				5,637,204 94	

§ 2ᵉ.

DATES des ACHATS.		SOMMES DE RENTES ACHETÉES.	DÉTAIL.			MONTANT DES BORDEREAUX de l'agent de change.	OBSERVATIONS.
1838. Décembre.	29	6,000	»	78 65	157,300 » / Cgᵉ. 100 »	157,400 »	
» »	31	6,000	1,705 / 4,295	78 62 ½ / 78 60	44,685 20 / 112,529 » / Cgᵉ. 100 »	157,314 20	
1839. Janvier. .	2	6,000	»	78 55	157,100 » / Cgᵉ. 109 »	157,200 »	
» »	3	12,000	6,000 / 6,000	78 90 / 78 80	157,600 » / 157,200 » / C . 200 »	314,600 »	
» »	4	6,000	3,000 / 1,500 / 1,500	78 50 / 78 55 / 78 60	78,500 » / 39,275 » / 39,300. » / Cgᵉ. 100 »	157,175 »	
» »	5	6,000	»	78 70	157,400 » / Cgᵉ. 100 »	157,500 »	
» »	8	12,000	3,000 / 9,000	79 05 / 79 10	79,050 » / 237,300 » / Cgᵉ. 200 »	316,550 »	
		262,190				7,054,944 14	

DATES des ACHATS.	SOMMES DE RENTES ACHETÉES.	DÉTAIL.			MONTANT DES BORDEREAUX de l'agent de change.	OBSERVATIONS.
Report	262,190				7,054,944 14	
1839. Janvier. 9	3,000	3,000 9,000	79 10	79,100 » Cge 50	79,150 »	
» Février .. 9	3,000	»	78 35	78,350 » Cge. 50 »	78,400 »	
» » 11	3,000	500 2,500	78 45 78 50	13,075 » 65,416 66 Cge. 50 »	78,141 66	
» » 12	3,000	»	78 55	78,550 » Cge. 50 »	78,600 »	
» » 13	3,000	»	78 65	78,650 » Cge. 50 »	78,700 «	
» » 14	3,000	»	78 65	78,650 » Cge. 50 »	78,700 »	
» Avril ..,. 6	5,000	1,100 2,400 1,500	80 25 80 32 ½ 80 35	29,425 » 64,260 » 40,175 » Cge. 100 »	133,960 »	
» » 13	1,500	»	80 95	40,475 » Cge. 25 »	40,500 »	
» Mai...... 4	4,000	»	81 70	108,933 33 Cge. 75 02	100,008 35	
» Juin...,. 1er	4,500	»	81 25	121,875 » Cge. 75 »	121,950 »	
» » 3	3,000	»	81 20	81,200 » Cge. 50 »	81,250 »	
» » 4	3,310	»	80 95	89,315 83 Cge. 60 02	89,374 85	
» » 5	3,000	»	80 95	80,950 » Cge. 50 »	81,100 »	
	304,500				8,174,779 »	

DATES des ACHATS.		SOMMES DE RENTES ACHETÉES.	DÉTAIL.			MONTANT DES BORDEREAUX de l'agent de change.	OBSERVATIONS.
Report....		304,500				8,174,779 »	
1839. Juin....	6	3,000	»	81 05	81,050 » Cge. 50 »	81,100 »	
» »	7	6,500	4,897 81 » 1,422 81 05 181 81 07 ½		132,219 » 38,417 70 4,891 52 Cge. 100 03	175,628 »	
TOTAL.......		314,000				8,431,507 »	

§ 3.

DATES des ACHATS.		SOMMES DE RENTES ACHETÉES.	DÉTAIL.			MONTANT DES BORDEREAUX de l'agent de change.	OBSERVATIONS.
1839. Juin.	8	6,000	1,500 79 80 4,500 79 82½		39,900 » 119,737 50 Cge. 100 »	159,737 50	
» »	10	4,500	»	79 90	119,850 » Cge. 75 »	119,925 »	
» »	15	3,000	443 79 50 2,557 79 52 ½		11,739 50 67,781 80 Cge. 50 »	79,571 30	
» Juillet....	4	4,500	»	79 27 ½	118,912 50 Cge. 75 »	118,987 50	
» »	6	4,500	»	79 27 ½	118,912 50 Cge. 75 »	118,987 50	
» Août.....	9	2,212	240 80 30 1,972 80 35		6,424 » 52,816 73 Cge. 50	59,290 73	
TOTAL...		338,712				9,098,306 53	

NOTE C.

PROPRIÉTÉS IMMOBILIÈRES.

ACHATS DE TERRAINS.

La Compagnie a acheté 10,169 toises de terrains (ou 3 hect. 86 ares 29 cent.) dans le clos Saint-Charles, à Paris, suivant le détail ci-après :

De M. MOISSON DEVAUX , 1060 toises. Principal.......	106,000 fr.	» c.	117,880 fr. 40 c.
Intérêts...	3,418	71	
Droits d'enregistrement et frais....................	8,461	69	
Maréchale NEY , 1,045 toises. Principal................	104,500	»	117,057 81
Intérêts.....	4,209	11	
Droits d'enregistrement et frais....................	8,348	70	
GAMOT , 501 toises. Principal.......................	50,100	»	56,241 57
Intérêts...	2,017	90	
Droits d'enregistrement et frais....................	4,123	67	
ROUQUAIROL , 1,140 toises. Principal................	147,600	»	163,193 12
Intérêts...	5,019	61	
Droits d'enregistrement et frais....................	10,573	51	
MARCHAND , 2,678 toises. Principal............'....	214,240	»	239,995 84
Intérêts...	10,057	39	
Droits d'enregistrement et frais....................	15,688	45	
DUMOULIN , 309 toises. Principal....................	31,000	»	34,637 51
Intérêts payés au 20 avril.......... `904 fr. 17 c.`			
Idem. à échoir au 12 août, décompte provisoire.................... 490 83	1,395	»	
Droits d'enregistrement et frais.....................	2,242	51	
BRIGEON , 80 toises. Principal.......................	8,300	»	8,947 79
Intérêts du 3 juin 1839 au 12 août, provisoirement.....	80	69	
Droits d'enregistrement et frais....................	567	10	
BONAR , 2,964 toises. Principal......................	119,768	»	132,834 98
Intérêts payés au 25 juin.......... 4,408 fr. 14 c.			
Idem. du 25 juin au 12 août, provisoirement............... 798 46	5,206	60	
Droits d'enregistrement et frais.....................	7,860	38	
BONNARIC , 392 toises. Principal (achat par acte sous seing-privé)...........................	39,200	»	40,974 89
Intérêts du 20 septembre 1838 au 12 août, provisoirement.	1,774	89	
CONTRIBUTIONS , honoraires du Notaire et menus frais			12,099 99
			923,863 fr. 90 c.

La Compagnie a payé aux suivants :

A MM. ROUQUAIROL ,	en capital..............	147,600 fr.	» c.
GAMOT ,	*idem*..................	50,100	»
MOISSON DEVAUX ,	*idem*..................	106,000	»
Maréchale NEY ,	*idem*..................	104,500	
MARCHAND ,	*idem*..................	214,240	»
TOTAL en capital..............		622,440	»
Aux mêmes pour intérêts........................		30,035	03
Droits d'enregistrement et frais divers...............		61,427	22
A porter en dépense...........	713,902 fr. 25 c.	713,902	25
Il reste à payer pour solder les terrains............................		209,961 fr. 65 c.	

NOTE **D.**

LOCOMOTIVES.

La Compagnie a passé avec les suivants des marchés pour la construction de quinze locomotives et deux tenders, savoir :

MM. SHARP ROBERTS , de Manchester :

    10 locomotives à 1,460 l. st. l'une................ 14,600 l. st. ou   369,380 fr.

MM. FENTON, MURRAY et JACKSON , de Leeds :

    4 locomotives à 1,500 l.st. l'une................. 6,000

    1 tender à 250 l. st......................... 250

                                      6,250   ou   158,125

MM. ROBERT STEPHENSON , de Londres :

    1 locomotive............................... 1,575

    1 tender 220

                                      1,795   ou   46,955 95

Frais de transport et de montage d'une locomotive arrivée à Paris ; frais et achats divers.. 3,283 25

                          TOTAL... .... 577,744 20

Sur cette somme, la Compagnie a payé :

      A MM. SHARP ROBERTS .... 75,263 f.   c.

      A MM. FENTON , MURRAY et JACKSON. 53,192 65

      A MM. ROBERT STEPHENSON........ 46,955 95

Et pour frais de transport et de montage de la locomotive arrivée à Paris , modèles , etc.................. 3,283 25

      NET à porter en dépense........... 178,694 85   ci   178,694 85

Il reste à payer par la Compagnie , pour solde des marchés passés pour les locomotives............... .... 399,049 fr. 35 c.

	ADMINISTRATION CENTRALE.					SERVICES DE MM. LES INGÉNIEURS.									TOTAL par mois.
						1re SECTION.				2e SECTION.				SERVICE métallurgique.	
	Direction générale.	Comptabilité.	Secrétariat.	Travaux et bâtiments.	Contentieux.	M. Vilat.	M. Dupore.	M. Grolliard.	M. Mourtion.	M. l'Vizant.	M. Chevallier.	M. Gontrest.	M. Durcke.		
	fr. c.	fr. c.	fr. c.	fr. c.	fr. c.	fr. c.	fr. c.	fr. c.	fr. c.	fr. c.	fr. c.	fr. c.	fr. c.	fr. c.	fr. c.
Août 1838 et rappel de juillet........	2,291 66	4,487 85	1,610 -	4,062 80	908 65	981 05	» »	» »	» »	4,233 31	277 70	» »	616 66	1,666 66	21,137 34
Septembre............................	4,166 66	3,105 02	789 70	2,156 66	1,213 33	2,307 57	1,261 00	688 86	554 71	1,074 98	958 32	» »	1,256 65	1,691 66	22,277 02
Octobre..............................	4,166 66	3,166 66	774 99	2,783 32	1,216 66	2,741 65	1,408 38	1,274 99	1,324 99	1,077 75	1,374 99	1,199 99	1,256 85	1,853 32	26,030 90
Novembre............................	2,916 70	3,465 20	774 99	2,316 66	1,216 66	2,987 45	1,323 33	1,274 99	1,325 -	2,349 96	1,391 65	1,399 99	1,306 31	1,916 66	25,975 66
Décembre............................	2,083 33	3,616 66	674 99	253 33	1,446 66	2,588 32	1,641 66	1,408 25	1,325 -	2,349 96	1,391 65	1,399 99	1,349 98	1,916 66	23,516 45
Janvier 1839.........................	2,083 33	3,540 99	1,174 99	253 33	1,316 66	2,588 32	1,641 66	1,474 99	1,841 06	2,349 96	1,391 65	1,399 99	516 65	1,916 66	23,479 86
Février..............................	2,083 33	4,028 32	1,041 65	» »	1,649 96	2,773 39	1,641 66	1,474 99	1,841 65	2,349 98	1,391 65	1,399 99	516 65	2,068 66	25,339 84
Mars................................	2,083 33	3,266 66	1,358 32	» »	1,216 66	2,233 22	1,641 66	1,474 99	1,841 65	2,349 98	1,391 65	1,399 99	516 65	1,916 66	22,691 42
Avril...............................	2,083 33	3,266 66	1,358 32	» »	1,216 66	2,643 32	1,641 66	1,474 99	1,841 65	2,349 58	1,391 65	1,399 99	516 65	1,916 66	23,101 52
Mai.................................	2,083 33	2,901 66	1,024 99	» »	983 33	2,383 32	1,641 66	1,474 99	1,841 65	2,349 98	1,391 65	1,399 99	516 65	1,791 66	21,774 86
Juin................................	2,083 33	808 33	999 99	» »	983 33	2,383 32	1,641 66	1,474 99	1,841 65	2,349 96	1,391 65	1,399 99	433 32	1,791 66	19,583 20
Juillet..............................	2,083 33	808 33	999 99	» »	983 33	2,383 32	1,641 66	1,474 99	1,841 65	2,349 98	1,391 65	1,399 99	433 32	1,791 66	19,583 20
Totaux.........	29,208 32	36,041 32	13,432 92	11,280 10	14,351 09	29,084 18	17,126 54	15,002 02	17,421 96	29,337 85	15,136 05	13,799 90	9,288 14	22,436 58	274,601 02

L'État nominatif
faisant partie du
Rapport — ou l'en
a séparé —

CHEMIN DE FER DE PARIS A LA MER.

ÉTAT NOMINATIF DE MM. LES ACTIONNAIRES

Admis à l'Assemblée générale du 12 août 1839, sur dépôt d'Actions.

NUMÉROS DES CARTES d'admission.	DATES DES DÉPÔTS.		NOMS DES DÉPOSANTS.	NOMBRE D'ACTIONS au porteur déposées.	DE VOIX.
	1839.				
1	Juillet.	18	BINEAU.............................	40	1
2	*Id.*	19	Marquis DE LAS MARISMAS........... 400	450	10
			Sur certificat de dépôt, n° 22...... 50		
3	*Id.*	24	RAYER.............................	120	3
4	*Id.*	26	PASTURIN...........................	80	2
5	*Id.*	26	RIGAUD.............................	80	2
6	*Id.*	30	LEPEL COINTET......................	40	1
7	*Id.*	»	LETTU (ACHILLE)....................	40	1
8	*Id.*	»	PELLAPRA (DE)......................	40	1
9	*Id.*	»	BERNAGE...........................	40	1
10	*Id.*	31	PUEL..............................	400	10
11	*Id.*	»	ENRIQUEZ..........................	400	10
12	*Id.*	»	PÉRIER (EDMOND)...................	40	1
13	Août.	1	BOURRIT (ANDRÉ)...................	200	5
14	*Id.*	»	MATHIEU (FRANÇOIS-ÉLISABETH).......	200	5
15	*Id.*	»	BANÈS..............................	40	1
16	*Id.*	»	VANDEN BROCQ.....................	200	5
17	*Id.*	»	BERTHIER..........................	200	5
18	*Id.*	»	TEXTORIS..........................	442	10
19	*Id.*	»	POLO..............................	400	10
20	*Id.*	»	STERN (A.-J.).......................	100	2
21	*Id.*	»	LENOIR............................	40	1
22	*Id.*	»	URIBARREN...................... 240	290	7
			Sur certificat de dépôt, n° 26...... 50		
23	*Id.*	»	RAPHAEL (aîné).....................	80	2
				3,962	96

NUMÉROS DES CARTES d'admission.	DATES DES DÉPÔTS.		NOMS DES DÉPOSANTS.	NOMBRE D'ACTIONS au porteur déposées.	DE VOIX.
	1839.		Report. . . .	3,962	96
24	Août.	1	RAPHAEL (Eugène).	80	2
25	Id.	»	BERSEVILLE.	80	2
26	Id.	»	Duc DECAZES. 200	250	6
			Sur certificat de dépôt, n° 25. 50		
27	Id.	»	LACOMA.	400	10
28	Id.	»	O. BARROT. 200	250	6
			Sur certificat de dépôt, n° 24. 50		
29	Id.	»	BAIJOT.	200	5
30	Id.	»	PIOT.	80	2
31	Id.	»	COUVERT.	80	2
32	Id.	1	GOUSILLON.	80	2
33	Id.	»	JOIGNY.	80	2
34	Id.	»	COQUET.	80	2
35	Id.	»	MOREAU.	80	2
36	Id.	»	DUFOUGERAIS.	80	2
37	Id.	»	MOLINIÉ.	213	5
38	Id.	»	BADEL.	80	2
39	Id.	»	LABAUME.	80	2
40	Id.	»	LUZY.	80	2
41	Id.	»	DURAND.	40	1
42	Id.	»	MILLER.	40	1
43	Id.	»	FOUREL (Maurice).	200	5
44	Id.	»	SANTOUX (Charles).	400	10
45	Id.	»	KOENIG (Henry).	51	1
46	Id.	»	GIBERT.	400	10
47	Id.	»	Xavier de BURGOS.	400	10
48	Id.	»	Auguste de BURGOS.	400	10
49	Id.	2	LECOINTE.	50	1
50	Id.	»	BIARROTE (E.).	280	7
51	Id.	»	OSACAR (J.-F.).	320	8
52	Id.	»	Louis LEBEUF et compagnie.	40	1
53	Id.	»	CHAULET.	40	1
54	Id.	»	FALCOU.	40	1
55	Id.	»	ROGUIN.	40	1
				8,976	220

NUMÉROS des cartes d'admission.	DATES des dépôts.		NOMS DES DÉPOSANTS.	NOMBRE d'actions au porteur déposées.	DE VOIX.
	1839.		*Report.* . . .	8,976	220
56	Août.	2	SAINT-ÉLME PETIT............	120	3
57	Id.	»	CABIT.......................	40	1
58	Id.	»	DARTHEZ (J.-P.)............	400	10
59	Id.	»	MARFAING (Joseph)...........	80	2
60	Id.	»	HUBERT......................	40	1
61	Id.	»	DELAMARRE............ 350		
			Sur certificat de dépôt, n° 27...... 50	410	10
62	Id.	»	FOUCHET.....................	80	2
63	Id.	»	DUCHÉ.......................	80	2
64	Id.	»	BÉRARD......................	40	1
65	Id.	»	DE VANLAY...................	40	1
66	Id.	»	CHARLES (Just)..............	80	2
67	Id.	»	BAUME.......................	80	2
68	Id.	»	ORRY DE LA ROCHE............	80	2
69	Id.	»	HERVÉ.......................	200	5
70	Id.	»	Louis DUFOUR................	40	1
71	Id.	»	Comte ROY.............. 350		
			Sur certificat de dépôt, n° 21...... 50	400	10
72	Id.	»	WELLES......................	400	10
73	Id.	»	Marquis DE TALHOUET.........	400	10
74	Id.	»	Comte DE LA RIBOISSIÈRE......	200	5
75	Id.	»	DE NUGON....................	46	1
76	Id.	»	PÉRIER......................	40	1
77	Id.	»	MARTELL.....................	50	1
78	Id.	»	GUYET DESFONTAINES..........	50	1
79	Id.	»	GUYET (Isidore).............	50	1
80	Id.	»	RIVET.......................	180	4
81	Id.	»	LAURENT.....................	400	10
82	Id.	»	LEVÉ........................	400	10
83	Id.	»	PLANQUETTE..................	40	1
84	Id.	»	FRISSARD....................	50	1
				13,492	331

NUMÉROS DES CARTES d'admission.	DATES DES DÉPÔTS.	NOMS DES DÉPOSANTS.	NOMBRE D'ACTIONS au porteur déposées.	DE VOIX.
	1839.	Report....	13,492	331
		SUR CERTIFICATS DE DÉPOT.		
1	Août. 2	ANDRÉ et COTTIER................	50	1
4, 5, 6, 9, 10, 11 et 12	Id. »	PASSY...........................	130	3
18	Id. »	PÉRIER (JOSEPH).................	50	1
20	Id. »	LEBOBE.......................	50	1
23	Id. ».	LAHURE.......................	50	1
		TOTAL.......	13,822	338